幸福手飾DIY

accessory
for
happiness

目錄

contents

第一章　*chapter 1*

開始前的準備

自序

以前擔任少女雜誌的美編時，經常因為工作需要，自己動手製作小道具或配件以佈置拍攝場景。久而久之，因為周遭同事的讚美與鼓勵而做出興趣，讓我開始踏上手作之路。

平時我就很喜歡DIY與雜貨這方面的東西，會收集相關的書籍與雜誌，也收藏許多雜貨與手作飾品。剛好有機會與朋友一起擺地攤，就販售起自己設計的飾品與小雜貨。一開始只是覺得好玩，從擺攤、參與創意市集、實體店面寄賣到現在，已經邁向第三個年頭。

2006年的炎熱夏天，辭掉雜貨設計公司的工作之後，我成立自己的工作室，每天創作手作品、畫圖、設計雜貨商品、偶爾帶著小狗在蜿蜒的山路散步，在散步途中停下來摘花或發呆，雖然過程中有很多不足為外人道的辛苦，但我很珍惜這樣的生活，以及創作帶來的幸福感。

DIY是一件很有趣的事，從設計發想、挑選材料到動手製作，每個階段都充滿樂趣。這是我第一本以手作為主題的著作，希望能與大家分享愛上手作飾品的快樂，讓更多人實現自己的創意與想像。

寫在開始前

綜合媒材加上創意風格，是目前手作市場最受歡迎的趨勢。這本書希望帶給讀者不同觀點，跳脫以往以純串珠製作飾品的方式，利用家中方便可得的棉花、小玩具、郵票、包裝用的厚紙板等東西，結合串珠材料、緞帶、可愛的蕾絲與棉布，創作出有趣又美麗的作品。

網路上有許多關於材料蒐集的資訊，一些特殊的串珠、棉布及緞帶等東西都有專屬的販售網站，種類豐富且分類清楚。這些網站除了販賣商品，也附設討論區讓愛好者可以互相交流，有興趣的人可以觀摩別人的意見與經驗，多看多學，自然就會進步。除了網路之外，還有實體店舖，以台北市來說，延平北路及南京西路一帶就有很多材料行，各家特色、價格及等級都有差異，花時間慢慢選購，也是一種樂趣。

手作飾品並不難，只要學會基本的工具使用方式，例如T針、9針、扭轉法等技巧，就可以做出各式各樣的變化。只要加上個人的巧思，就可以創作出與眾不同的風格，有些作品附有型紙，請參照比例影印後剪下來使用。

書裡示範的技巧簡單，初學者依照步驟解說就能輕鬆操作，文中也有我幾年來的創作及銷售經驗，提供未來想販售自己作品的創作者參考，希望能對大家有所幫助。

成為手作達人技巧大解析

　　大部分的人看到手作飾品的第一個反應總是「好厲害啊」、「手真巧」……這類的讚嘆。其實手作的門檻真的不高，只要學會幾種基本的技巧，再配合不同顏色、造型的材料，就能擁有像彩虹一般絢麗的變化。只要有興趣，每個人都可以成為手作小達人喔！

　　以飾品來說，只要把九針、T針、扭轉法這幾種基本功練熟了，大概就可以開門賣藝了。剛開始製作飾品的人，會碰到的問題大都是「為什麼做出來的都跟書上不像？」、「為什麼我凹的T針圈圈一點都不

像？」、「看書照著做OK，但要自己創作，就開始腦袋空白，怎麼辦？」。

　　我給大家的建議是，仔細觀察書上或別人的作品與材料。蒐集材料是很重要的事，越多不同種類的材料，能變化出越多不同的組合。我的材料盒中，光是粉紅色的珠珠就有珊瑚粉紅、亮粉紅、嬰兒粉紅、深桃紅等十數種那麼多。如果今天想要做一條粉紅色的手鍊，就可以利用深深淺淺的粉紅色做出層次感，那樣會比只用單一的粉紅色來得漂亮。

　　也許讀者無法買到與書中作品同樣的

材料，但示範作品其實更希望激發個人的創意思考，以P64「腳趾上的落葉」為例，上面的樹葉圖案也可以是花朵或貓咪剪影。只要明白這個創意的概念，每個人都可以自由發揮。也許蒐集的不織布或棉布花色跟書上不同，但選擇不同的圖案及花色，更能表現出個人獨特的設計。

飾品的基本技法，在P20-21有詳細示範，只要多練習，相信有天你也能成為手作達人。如果有不清楚的地方，可以上愛作夢網站，www.fantaisie.com.tw或部落格留言詢問（網站有連結），我會盡力解答。

還記得我剛開始創作飾品時，T針跟9針怎麼凹都是歪歪扭扭的，製作出來的飾品，實在非常醜。現在回頭看看自己的作品，真有種想鑽到地洞裡的衝動，不過老祖先的訓示是對的，勤以補拙，只有多練習才是不二法門，手作了一段時間，想要進階一點的讀者，則可以買更進階的進口書籍來學習，或是到大學推廣中心選修相關的手作課程，許多手作家，也都有提供手作體驗課程，可留意他們的部落格。

快來一起試試看手作的快樂吧！

我也想把手作當職業

參加創意市集

也許有些人對於作品很有信心，且受到周遭朋友鼓勵，想要試著販售看看，這時「創意市集」就是個不錯的起點。

目前在台灣並沒有舉辦創意市集的固定場地，但有幾個固定單位，有興趣的人可以定期上網查詢舉辦的時間。另外，最近有許多創意市集相關的刊物發行，可將作品寄過去參加審核，如果審核通過，就會將作品刊登在刊物上。有許多市集單位會依據書上刊登的個人資料，邀請作者參加市集。

每個市集的入選方式都不盡相同，有些只要報名就可以；有些則要作品通過審核後才能參加。市集經營不易，通常都會酌收攤位金來維持營運。

創意市集網站

牯嶺街
http://blog.roodo.com/nanhai/
一卡皮箱
http://blog.yam.com/eslite_market

天母在地藝術市集
http://weekendtianmu.blogspot.com/
simple life
http://www.streetvoice.com/simplelife
台客搖滾
http://taik.streetvoice.com/
藝術市集協會
http://artandlifestyleassociation.blogspot.com

市集是夢想起飛或破滅的開端呢？

★獨立參加或是合夥參加，哪一種好呢？

合夥的好處是可以互相激勵繼續下去的動力，可以輪流顧攤位，費用也可以平均分攤，這一點對剛開始販售自創商品的人來說是很重要的。然而，缺點是很容易因理念不合而吵架，弄不好，最後不僅破壞了友情，連辛苦經營的品牌也會瓦解。在開始時先溝通清楚，將各自的工作內容討論清楚，也不要總認為自己的意見最重要，這樣才能順利的經營，發揮團結力量大的好處。

★參加市集的快樂與辛苦

參加創意市集的好處是有機會讓自創的作品被更多人看見，並直接接觸到客人

的反應。如果希望藉由市集販售獲利，客人的意見就很重要。不過，並不是指看什麼好就學別人做什麼，而是譬如有某一作品較受歡迎，就可以考慮系列的延伸商品，像是多開發不同的配色、或同款的不同項目。客人讚嘆的鼓勵與開心的表情、自己的作品受到肯定，是手作家參加市集的最大收穫，也是至今讓我繼續努力下去的動力之一。

在創意市集還可以認識許多志同道合的伙伴，大家都是因為喜歡創作而來，很容易就成為朋友。我自己在過去參加兩年市集的時間裡，就交了許多好朋友，不只會互相交換創作心得，更可以分享心事。擺攤時難免會遇到人潮冷清的情況，這時就是串門子、交朋友的最佳時機了。

別以為加入市集就能有很好的銷售成績，有時候作品沒有市場性、天氣不好、動線不佳等因素都會影響買氣。也可能出現隔壁攤位熱鬧滾滾，你的攤位卻冷冷清清的狀況。不論大熱天或是大冷天，都要擺下去。

我曾經跟朋友一起下墾丁參加萬人演唱會的市集，人潮多買氣卻很弱，結果三天的收入總和還不足以支付交通和住宿的費用。如果手作家想只靠市集賺錢，會是一件很辛苦的事，而且要有可能會賠錢的心理準備。

★如何以手作獲利

材料一包雖然只有幾十、幾百元，但材料累積下來，幾十元會慢慢變成幾千元，幾萬元。因此擬定每個月固定的成本支出加上場地費用很重要，現在市集很多人削價競爭，一個作品只賣幾十元。如果只是當興趣來販賣當然沒問題，若是當職業，成本考量就非常重要，定價至少要是成本的三倍，否則過一段時間，容易因為沒有賺到錢而放棄。

★仿冒與自我風格

有時候也會遇到仿冒問題，走一趟市集下來，會發現市集有好多類似的東西，這是一個很嚴肅的問題，創作者參加市集的目的到底是什麼呢？「創意市集」應該如其名，如果只是想要模仿別人，或是覺

得這些東西你也做得出來，那就失去了創作的意義，也不可能持久。模仿雖是創作的開始，但還是要多花時間做功課，找出自己的風格，堅持自己的創意，才能實現自創品牌的夢想。被別人模仿了雖然會受到打擊，但如果創作者能堅定地不斷開發獨特設計的作品，不忘自己的初衷，仿冒者畢竟不持久，因為沒有自己的精神在裡面，丟掉不愉快，繼續朝夢想前進才是最重要的。

其他的販售方式

★店家寄賣

除了參加創意市集，還可以主動找尋適合的店家寄賣，寄賣的抽成通常從3成到5成不等，雖然抽的費用多，卻可以節省時間專心創作，找到風格適合自己的店家，成績有時比參加市集還好，不過一定要跟店家說清楚合作方式，才不會在日後造成問題。另外，陳列的方式也很重要，平常多蒐集一些小道具，可以為作品加分。

★網路販售

將作品刊登在網路上，也是一個很好的銷售管道。很多手作家都有自己的部落格，可以藉參加市集時蒐集一些顧客的e-mail，等到新作品完成就發信通知大家。

★格子銷售

目前也有一種叫做格子銷售的方式，就是由店家提供店裡大大小小的格子空間，讓人承租。手作家們以每個月幾百元到幾千元的費用承租面積不等的小格子，可以省去開店的成本，並擁有實體店面的展示空間。我的建議是要慎選合作店家，有些格子店家不只賣手作品，也販賣不同類型的商品，如此一來，整體的風格會太雜。所以，我建議與只賣單純手作品的格子店家合作。

★開店

等到銷售成績穩定或擁有固定客源之後，許多手作者會想設立實體店舖，不過開店絕不是一件簡單的事，除了店面佈置，地點的選擇、資金募集、考量停損點與聘雇店員等，都是勞心又費力

的工作。如果老闆自己必須兼顧製作與販售，幾乎整天都會被綁在店裡，壓力並不小。因此在決定開店前，要仔細評估自己是否準備好了？千萬不要貿然投入。

手作不是機器生產

手作飾品是手工製作，與機器量產不同，很難控制速度與數量。手作創作者常常會面臨到市集設攤的日期接近了，但商品仍未完成，或販售點缺貨必須補貨的情形。所以手作擺攤者常常要日夜趕工、挑燈夜戰。有時也會辛苦半天，卻遇到客人反應不好，長期下來都是一種壓力，這些都是實際販售時會碰到的難題，必須事先做好心理準備。

沒有創作靈感了，怎麼辦？

剛開始大部分的人會從書籍裡的示範學習，等到慢慢熟悉了基本做法，找出自己的獨特風格就很重要了。買本空白的筆記本，把想要做的作品畫下來，先別想做不做得到的問題，把需要的材料寫下來，並尋找材料，如果買不到，要用什麼取代？最後，試著把想法裡的作品實際做出

來，你會發現過程中，能湧現很多創意！

我個人尋找靈感的方式，是上網路找平常喜歡的品牌網站，也許題材不一定都跟手作有關，有時候是服裝品牌，看著新一季的發表，一邊想著如果是我的話，會以哪種飾品搭配這件衣服？這時靈感就會馬上湧現，雖然買不起名貴的衣服，但跟時尚大師學習卻只要付上網的費用，是很划算的吧！或者，我會坐上車，隨意地注意路上的行人，或在街上走走逛逛，一邊研究每個人的穿著打扮，一邊看看商店裡陳列的最新商品，有想法就註記在筆記本上，累積下來就有各式各樣的創意，養成習慣，就不會覺得找靈感是一件很難的事了。

圖書館裡的參考書也很有幫助，各朝代與各民族間可以參考的飾品書籍有很多很多。詳細的分類如南洋風、維多利亞風、中國風等等，閱讀這些書籍，可以了解自己喜歡的風格是哪一種？也能更清楚飾品的演進，並發現飾品不同的做法，原來有些東西老祖先們都幫已經做過了，靈感根本就用不完嘛！快去辦一張圖書借閱證吧！

材料哪裡買

★★★珠飾配件鍊子
店舖

★小熊媽媽　　　　　台北　台北市延平北路一段51號　　TEL:(02)2550-8899
高雄　　　　　　　　高雄市林森三路182號　　　　　TEL:(07)535-0123
桃園　　　　　　　　桃園市中山路675號　　　　　　TEL:(03)220-7676
台中　　　　　　　　台中市中正路190號　　　　　　TEL:(04)2225-9977
私人購物心得　　　　小熊媽媽的材料選擇很多，尤其是平價的材料，壓克力珠，塑料配件，小
　　　　　　　　　　亮片等等，顏色種類都很多，且分類清楚很好找，尤其是壓克力珠。也有
　　　　　　　　　　推出教學課程，每天不同，很適合初學者採購。

★東埕　　　　　　　台北　台北市大同區長安西路330號　TEL:(02)2556-8253
私人購物心得　　　　東埕擁有我認為最多的金具材料，有些歷史久遠的材料尤其好看，像是金
　　　　　　　　　　屬葉片，花朵等等，且也有賣小包裝的，只是都藏在陳列架深處、或是堆
　　　　　　　　　　置在地上，要有耐心挖寶，每次逛完一定要洗手是一大特色。

★東美　　　　　　　台北　台北市長安西路235號　　　TEL:(02)2558-8437
私人購物心得　　　　東美的半寶石選擇很多，一串串的掛在牆壁上並且有清楚的價錢和種類說
　　　　　　　　　　明，如果脫離了初學者階段，想要進階更精緻的飾品製作，就可以來這裡
　　　　　　　　　　挑選半寶石做搭配，金屬配件也很齊全。

★大楓城　　　　　　台北　台北市延平北路2段79號1-2樓　TEL:(02)2558-8437
私人購物心得　　　　大楓城的古銅配件和小吊飾選擇很多，也有販賣日本進口的一些小配件，
　　　　　　　　　　只是進口商品價格也高貴，比台產或大陸產的用具高出許多，大楓城的會
　　　　　　　　　　員卡是一片楓葉，小小一張很有特色，滿五百元即可辦理很划算。

★玩9創意生活館　　高雄　夢時代購物中心 地下二樓
私人購物心得　　　　第一家開在百貨公司的手工材料專賣店，室內明亮，空調舒適，商品分門
　　　　　　　　　　別類也很清楚，是屬於貴婦級的購物環境。

★亞風飾品配件　　　台北市長安西路243號1樓　　　　TEL:（02）2550-5898
私人購物心得　　　　最齊全的鍊子專賣店面，大捲比小包裝划算很多，但如果只是小量製作的
　　　　　　　　　　話就可以買小量並多選擇不同種類，這樣設計出來的飾品會比較有變化。

網路
德昌網路手藝世界　　http://www.diy-crafts.com.tw/
BOSJ BEADS　　　　　http://bosj.webdiy.com.tw/
玲瓏尹才鋁線串珠材料　http://froglovebubbles.webdiy.com.tw/index.asp?lang=1
dodoodog　　　　　　http://www.dodoodog.com/dodoodog/
卡拉飾品手藝坊　　　http://www.kknetkknet.com/shop/
岱釧手創館　　　　　http://www.weavesidea.com/beads/

★★★可愛棉布
店舖
台北
witch拼布雜貨鋪　　　　　　台北縣蘆洲市長興路50巷3號　　　TEL:(02)8283-6953
棉之家　　　　　　　　　　　南京西路159號　　　　　　　　　TEL: (02)-2555-4891
台中
隆德貿易台中總店　　　　　　台中市公園19之2號3F　　　　　　TEL:(04)2225-6698
高雄
巧工拼布彩繪藝術學苑　　　　高雄市三民區博愛一路13號　　　　TEL:(07)323-4983

網路
台灣拼布網　　　　　　　　　http://www.quilt-taiwan.com.tw/
拼布花園　　　　　　　　　　http://www.patchworkgarden.com.tw/index.asp

★★★緞帶，蕾絲
珠兒小姐服飾材料　　　　　　台北市長安西路271號　　　　　　TEL:(02)-25596970
介良　　　　　　　　　　　　台北市民樂街11號　　　　　　　　TEL(02)-25588527

★★★idea參考
網路
★甜美風格
・http://www4.kcn.ne.jp/~favorite/　　　　　・http://www008.upp.so-net.ne.jp/bocchi/
・http://aradug.chu.jp/index.htm　　　　　　・http://citron.ciao.jp/index.html
・http://www.pierre-de-lune.biz/　　　　　　・http://boitedemaco.ocnk.net/
・http://bloomin.web.infoseek.co.jp/　　　　・http://cherish-cherish.com/
・http://www.warraby.net/cafemacaron/　　　・http://indico.ifdef.jp/top.html
★優雅風格
・http://maine.s17.xrea.com/　　　　　　　・http://laladog.boo.jp/lala/fr/fr.html
・http://www12.ocn.ne.jp/~cao/index.html　　・http://lills.jewelry.com/
・http://darling.chu.jp/index.htm　　　　　・http://sakuraan.jellybean.jp/
・http://www.shop-mimosa.com/　　　　　　・http://www.shop-marmelo.com/
・http://bonbon.shop-pro.jp/　　　　　　　・http://www.bebe-jewel.ch/
・http://www.rakuten.co.jp/mocha/683949/705895/#723845

日本的飾品網站搜尋引擎
★accessory search net　　　　http://accessory-shop.net/

另類搜尋方式　　　　　　　　www.flickr.com→搜尋jewerlly

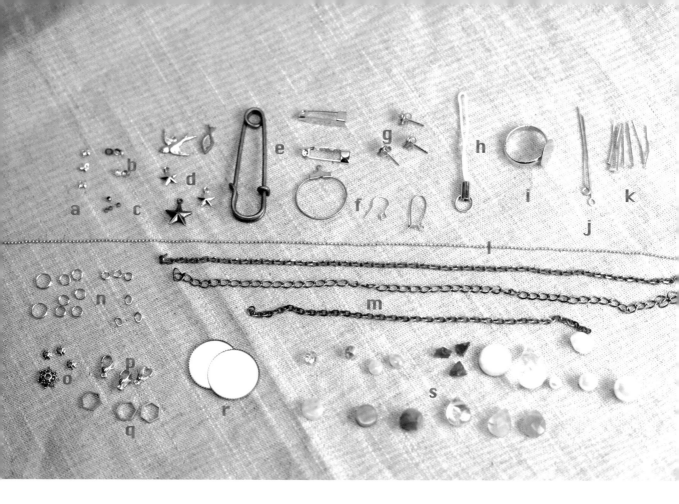

串珠與金屬鍊材

a 珠鍊包頭
（豆夾）
用來夾住珠鍊，
上面有孔，可與
其他物件串連。

b 小螞蟻
固定較細線材，
通常與擋珠一起
使用。

c 擋珠
用來固定釣魚線
或極細金屬鏈。

d 小綴飾
有各種不同造型
以供搭配。

e 別針
用來固定物件，
或是當作飾品的
一部份。

f 穿式耳環勾
有各種不同款
式，可依喜歡的
造型選擇。

g 耳環組
用來夾住珠鍊，
上面有孔，可與
其他物件串連。

h 手機吊飾頭
用來夾住珠鍊，
上面有孔，可與
其他物件串連。

i 戒指台
戒指圈上附有平
台底座，可以黏
上物件。

j 9針
k T針
用來串連珠飾。

l 珠鍊
珠狀金屬小球組
成，適合用來穿
裝飾珠。

m 金屬鍊
項鍊或是手鍊的
主體，有各種造
型和粗細。

n 雙圈、單圈
用來串連綴飾、
或是連接鍊子與
其他物件。

o 花蓋
墊在珠珠下方，
一起穿過T針或9
針，可當裝飾。

p 項鍊勾頭
以單圈或雙圈連
接在鍊子末端，
用來固定鍊子。

q 金屬環
固定在鍊子末
端，與項鍊勾頭
互勾用。

r 圓形底座
有各種尺寸，可
與同樣大小的圓
片結合。

s 各式串珠
飾品不可或缺的
各式半寶石、珍
珠、壓克力珠。

織帶與蕾絲

a 蕾絲花片
有手工、機器織
兩種,可固定在
鍊子上美化飾
品,手工的價格
高,質感較好。

b 釦子
可用來當耳環墜
子,或串連在項
鍊上,可以從不
要的舊衣上回收
使用。

c 各式織帶
固定在緞帶夾片
上,就可以隨喜
好固定在鍊子
上,也可當項鍊
收尾綁帶使用。

d 蕾絲布
蕾絲布的特殊質
感,可以用來製
造復古的效果,
也可利用紅茶浸
染成復古色。

e 不織布
不織布可以當作
背面墊底的布來
使用,價格不僅
便宜,也很容易
取得。

f 各色棉布
可以利用書上提
供的型紙,裁剪
棉布,以縫製布
作飾品。

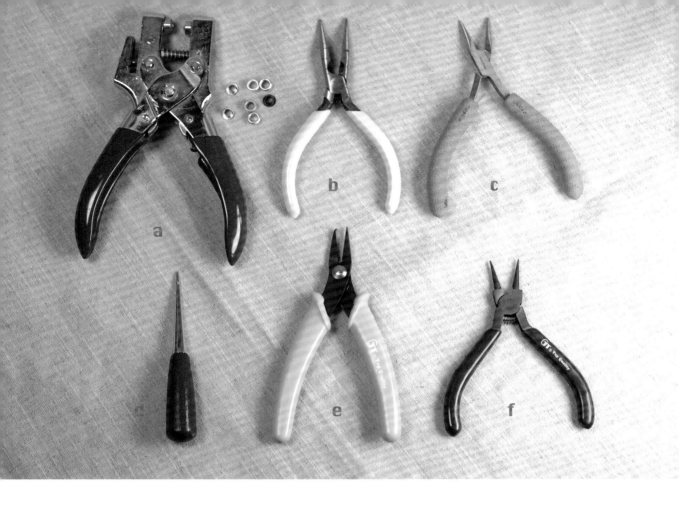

工具

a 雞眼扣與模具
雞眼扣是用來固定在布面上，形成周圍有金屬環的洞孔，可以用來穿單雙圈，或串連其他物件。

b 尖嘴鉗
用來彎折T針、9針，壓扁擋珠，打開單圈串連其他珠飾時使用。

c 斜口鉗
用來剪斷多餘的T針、9針，鐵絲或是銅線、金屬鍊，也可以利用斜口鉗剪斷。

d 錐子
錐子可用來穿洞，或是壓克力珠的洞口有小瑕疵不好穿過時，可用錐子穿過把洞撐大。

e 雙圈鉗
因為小的雙圈不好打開，這時就可以利用雙圈鉗彎曲的那一側勾開雙圈，讓物件較容易穿過。

f 圓口鉗
圓口鉗是用來彎折T針、9針凹成圈的工具。因為表面為圓弧狀，凹出來的圈會比較漂亮。

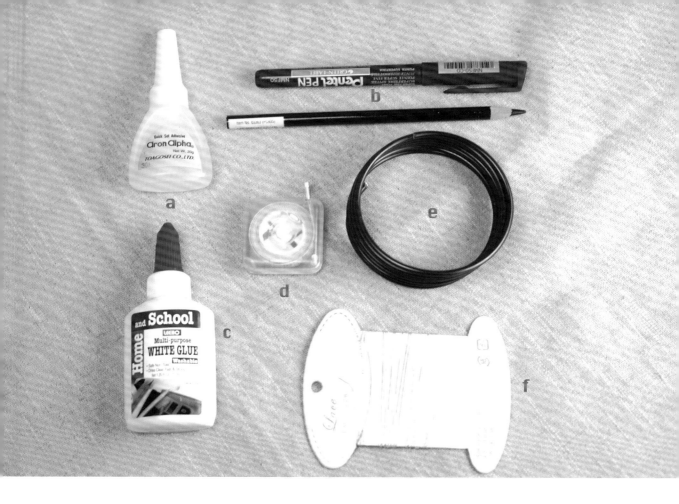

工具

a 金屬用瞬間膠
可以用來黏合金
屬和珠飾，塗膠
後不要馬上黏上
物件，停留兩、
三秒再黏合，效
果最好。

b 筆
描繪型紙時使
用，如果要描在
布的背面，可使
用鉛筆比較不會
留下痕跡。

c 工藝用乳膠
適合黏合布與紙
材質，價格平易
近人，也可以瞬
間膠替代。

d 捲尺
裁剪鍊子時可以
使用捲尺測量長
度，也可以拿來
測量布塊大小。

e 鋁線、銅線
銅線可以用編織
的方式加入串
珠，編織成為項
鍊或手鍊，增加
飾品的變化性。

f 彈性線
穿過擋珠以小螞
蟻固定，就可以
當作串珠線材，
適用於需要彈性
伸縮的手鍊上。

基本的使用法

T針的用法

將珠珠穿過T針，置於底部。　使用斜口鉗把多餘的部份剪掉。　使用圓口鉗彎折T針與珠珠成九十度角。　繞著圓口鉗把T針繞成一個圓圈。

9針的用法

將珠珠穿過9針，置於底部。　使用斜口鉗把多餘的部份剪掉。　使用圓口鉗彎折9針，與珠珠成45度角。　繞著圓口鉗把9針繞成一個圓圈。　利用凹成的圓圈串連起來可越接越長。

扭轉法
（適合雙邊洞口在上方的珠飾使用）

用斜口鉗剪掉T針頭部，穿過珠飾，一邊長一邊短。　長針部份以尖嘴鉗彎折，與珠飾形成一直線，　尖嘴鉗夾住短針，兩指握住珠飾，以逆時鐘方向繞行長針兩圈。　尖嘴鉗夾住長針往外彎折45度，這樣之後彎出來的圈才會好看。　繞著圓口鉗，把凸出的長針繞成一個圓圈。

小螞蟻的用法

小螞蟻是用來固定較細的鍊子或是彈性線等。

把擋珠穿過鍊子尖端，以尖嘴鉗夾扁擋珠。

把擋珠放置在小螞蟻的凹槽中，鍊子從洞穿過。

以尖嘴鉗把小螞蟻閉合起來。

豆夾（包頭）的用法

豆夾也叫做珠鍊包頭，是用來固定珠狀鍊子的。

把珠鍊放置在豆夾的中央凹槽部份。

以尖嘴鉗把豆夾閉合起來，就可以用來串珠。

單圈的用法

以兩隻斜口鉗前後拉開單圈才是正確的。

如果以左右的方向拉開，單圈再閉合則會變形。

左邊是前後拉開，右邊是左右拉開後閉合的單圈

第二章　*chapter 2*

耳環 妝點臉龐的幸福裝飾

耳環是妝點臉龐的最佳小幫手，
一點點蕾絲、平常蒐集的小釦子，
別針等等隨手就找得到的小物件，
古董市場裡找到的舊郵票，
加一點變化，
每天都可以擁有不同的佩戴好心情喔！

耳環的Knowhow

　　耳環是女生最喜歡的飾品種類，不管哪種風格的打扮，只要戴上耳環，看起來就精緻很多，整個人也變得精神奕奕。單元介紹穿式耳環，沒有耳洞的人，只要把穿式換成夾式耳環就可以，基本動作都一樣的。

　　耳環的變化很多，有垂墜式、貼在耳垂上的、不同長短也會展現不同風格。鈕扣、老鑰匙、別針都可以拿來當創意耳環，這個單元示範了利用家裡就能找到的紙板、小碎布塊等東西來製作。販賣材料的店家通常都有耳環材料專區，可以先買一些不同種類的小包裝，每種都試做看看，一定可以找到自己喜歡的樣式。

old button, new idea

翻翻媽媽的舊衣箱，古早的釦子，是媽媽年輕時的少女記憶。

戴著釦子去旅行

01

02

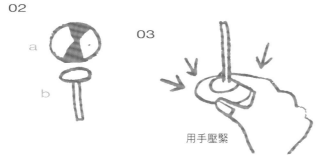

03

用手壓緊

材 料

a 釦子數個
b 耳環底座、耳環後束
c 瞬間膠

作 法

01 在耳環底座上塗瞬間膠，等三秒鐘。

02 把準備好的釦子黏在耳環底座上。

03 用手壓緊，等乾後，釦子耳環就完成了。

剪掉背面突起的釦環

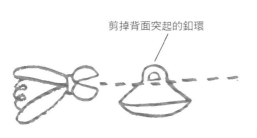

小祕訣

★ 有些釦子背面會有突起的扣環而不是釦洞，製作前先剪掉，才有平整面，才能夠跟耳環底座黏得牢。

twinkle, twinkle

就算沒有王子為你摘星星，
星星也可以只為你一人閃爍光芒。

一閃一閃小星星

耳環 Earring耳環

難度指數 ★★☆☆☆

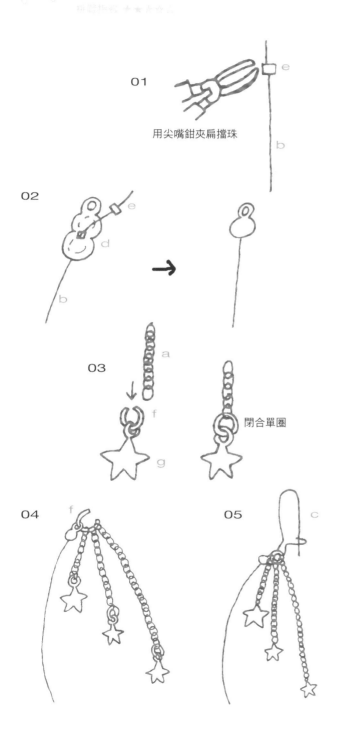

01

用尖嘴鉗夾扁擋珠

02

e

d

b

→

03

a

f

g

閉合單圈

04 f

05 c

material
材 料

a 金屬鍊A1 3cm、A2 2cm
、A3 1cm各一條
b 扁金屬鍊B 6cm
c 耳環勾
d 小螞蟻
e 擋珠
f 單圈
g 星星墜飾3個

step by step
作 法

01 將擋珠穿過鍊子B一端
後,夾扁。

02 將沒擋珠的另一端鍊子
穿過小螞蟻的洞口後,
用鉗子將小螞蟻閉合。

03 不同顏色的星星綴飾依
喜好位置,穿上單圈與
三條鍊子A1、A2、A3
串聯,將單圈閉合。

04 A1、A2、A3沒有穿單
圈的另外一端,和連接
鍊子B的小螞蟻,一起
穿過一個新單圈。

05 將穿好A1、A2、A3好
和小螞蟻的單圈穿入耳
環勾,將單圈閉合。

a letter from paris

好想將自己直接投遞，
郵戳上的日期是說不盡的相思紀念日。

送信到巴黎

01

02

Printer

03

圖案面朝素布的那一面

04

0.3cm
往背面折　　背面

05

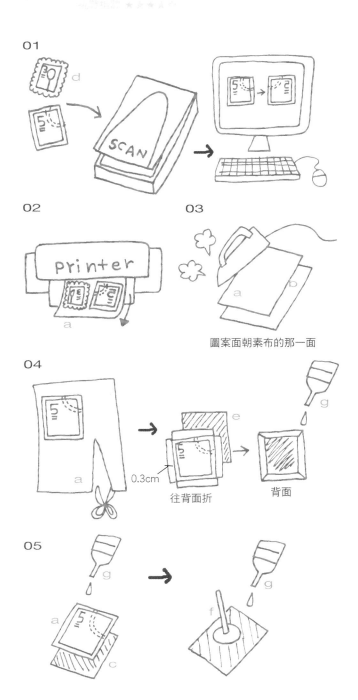

material
材　料

a　布用列印轉印紙
b　素布
c　不織布
d　郵票
e　厚紙板
f　耳環底座、耳環後束
g　瞬間膠

step by step
作　法

01　利用掃描機將郵票掃
　　進電腦裡並利用繪圖
　　軟體將郵票反轉。

02　印表機以布用列印轉
　　印紙列印出掃描好的
　　郵票圖案。

03　將沒有圖案的那一面
　　朝上，有圖案的與要
　　轉印的布面相對，使
　　用熨斗熨燙在布上。

04　剪下燙好的圖案，並
　　留約0.3cm的空白
　　邊，黏在跟圖案同樣
　　大小的厚紙板上，多
　　餘部份往內折黏住。

05　背面剪一塊同樣大小
　　的不織布黏合，並黏
　　上耳環底座即完成。

耳環-妝點臉龐的幸福裝飾　　29

flowers & bird

樹林的小鳥，盛開的花朵，
迎著風，停在我的耳朵上。

鳥語花香小花園

1:1型紙

02

03

04

翅膀

05

material

材 料

a 厚紙板
b 花布
c 3mm彩色小珠珠
d 1mm黑色小珠珠
e 瞬間膠
f 耳環底座、耳環後束

step by step

作 法

01 依書上所附型紙影印後，剪下三塊花布。

02 依書上所附型紙剪下與花朵與小鳥大小相當的兩塊厚紙板，把相對的花布黏在厚紙板上。。

03 在花朵中央黏上彩色小珠珠當花心。

04 在小鳥上黏上黑色小珠珠當眼睛 ，並黏上當小翅膀的花布塊。

05 分別黏上耳環底座。

romantic style

一點蕾絲，一點珍珠，
就可以擁有浪漫的別針耳環。

別住浪漫

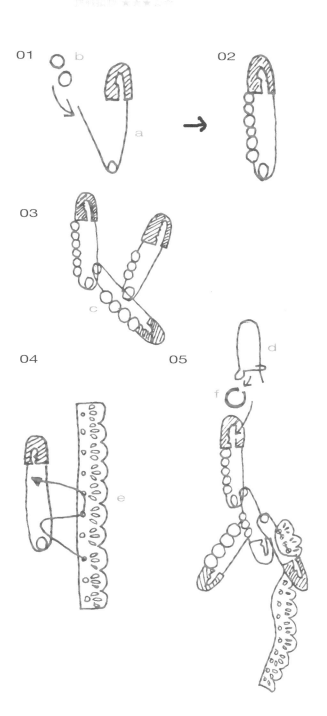

材料

a 別針數枚
b 2mm小珍珠
c 4mm小珍珠
d 耳環勾
e 蕾絲緞帶約15cm
f 單圈

作法

01 將別針打開。

02 將珠珠穿入別針上的長針（依個人喜好穿入喜歡的數量）

03 把穿好珍珠的別針閉合後，再將另一個穿好珍珠的別針串上去。

04 把蕾絲片的摟空部份分段穿過別針後，再跟其他穿好珍珠的別針做串連。。

05 完成後，使用單圈固定在耳環座上，閉合後就完成了。

my little bird

今天上班有點悶，
小鳥耳環是想在天空自在飛翔的心情象徵。

飛翔的小鳥

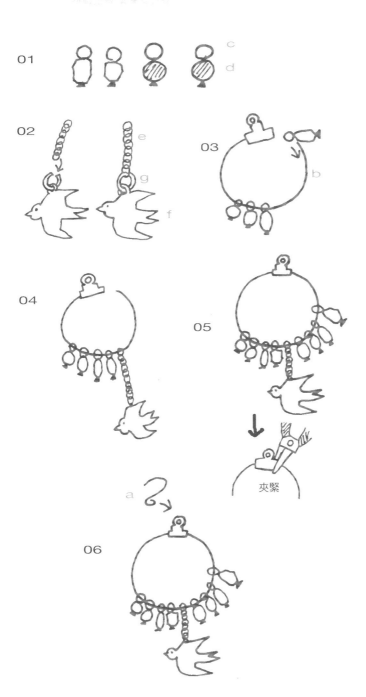

01
c
d

02
e
g
f

03
b

04

05

夾緊

a

06

material

材 料

a　耳環勾
b　圓形耳環圈
c　T針
d　壓克力珠
e　金屬鍊3cm
f　小鳥墜飾
g　單圈

step by step

作 法

01　將珠珠都穿過T針備
　　用，珠珠顏色與大小
　　可依個人喜好選擇。

02　小鳥墜飾穿過單圈與
　　鍊子結合。

03　打開圓形耳環圈，把
　　一半穿好T針的珠子
　　穿入。

04　把掛有小鳥墜飾的鍊
　　子穿進去 。

05　把剩下的一半珠子也
　　穿進去，將打開的圓
　　形耳環圈閉合，並用
　　鑷子夾緊耳環圈的開
　　口處。

06　最後，串連耳環圈與
　　耳環勾。

第三章 *chapter 3*

別針與戒指 幸福的使用感

別針的用途最多了，很多人都不大習慣使用，可以固定圍巾、別在胸口、
一片裙的裙擺，還可以掛在包包上當裝飾。
戒指則是幫玉手加分的必備聖品，不管是哪一種，都很值得動手做做。

別針與戒指的Knowhow

　　別針在台灣的普及率一直不如其它的飾品配件，但其實別針卻是外國女性很偏愛的飾品，別針的用途比其他的配件都廣，可以別在裙子、外套、圍巾、上衣，用膩了，還可以別在包包上，也許剛開始不習慣佩戴，日子久了你也會愛上別針的魅力。

　　戒指則是最受歡迎的配件之一，纖纖玉指只要一戴上戒指，手指頭馬上就優雅了起來，這個單元裡，除了半寶石、串珠的基本款式，也示範了可愛的包布戒指，以及利用不織布就可以完成的優雅戒指，讀者也可以試試看自己喜歡的顏色搭配來試做看看。

sunny day or rainy day

今天的心情是晴天嗎？就算是壞天氣也讓
好別針為你提振好心情。

晴時多雲偶陣雨
挑戰指數 ★★★☆☆

型紙請放大150%使用

01

02

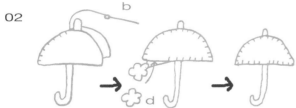

縫到一半夾入傘柄部份

03　　　　　　04

背面　　　　　　背面

05

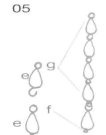

06

最底部的珠珠使用T針,其
餘使用9針串連。

material
材　料

a　棉布
b　針線
c　別針
d　棉花
e　雨滴形狀珠珠
f　T針
g　9針
h　不織布

step by step
作　法

01　依紙型剪下正反雨傘
　　形狀棉布,一片不織
　　布傘柄,和正反雲朵
　　形狀棉布。

02　使用包邊縫的方式繞
　　著邊緣將雨傘縫出形
　　狀,縫到中間部份時
　　將不織布的傘柄夾在
　　中間,繼續縫,留
　　1.5cm的洞口塞入棉
　　花後,把洞口也用包
　　邊縫的方式縫住。

03　雲朵也用包邊縫的方
　　式收邊並塞入棉花。

04　在縫好的雲朵和雨傘
　　背面縫上別針。

05　雨滴珠以T針和9針做
　　串連。

06　將串好的雨滴串縫在
　　雲朵背面

fly high

沒有人不喜歡自在的心情，就讓小
鳥兒飛翔的身影來象徵你內心的自
由自在。

翱翔天空小鳥兒

挑戰指數 ★★★☆☆

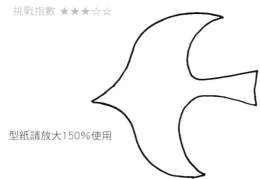

型紙請放大150%使用

material
材　料

a	別針	i	T針
b	緞帶ABC	j	9針
c	8mm珍珠	k	棉花
d	5mm珍珠	l	針線
e	3mm珍珠		
f	金屬鍊A15cm		
g	緞面布		
h	金屬鍊B17cm		

step by step
作　法

01　依紙型剪下相對的兩片小鳥形狀的棉布

02　以包邊縫的方式繞著布邊縫，留1.5cm的洞口塞入棉花後，洞口也用包邊縫的方式縫住。

03　緞帶A5cm對折，縫在一邊翅膀上，再將大小珍珠縫在緞帶與鳥身的接縫處遮住縫線，穿過別針。

04　3mm和5mm珍珠以T針串連在鍊子B上。

05　將緞帶A12cm、緞帶B16cm和緞帶C18cm和鏈子A、B縫在小鳥的另一邊翅膀，在上面縫上珍珠遮蓋縫線。

01

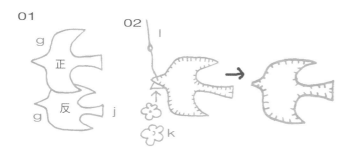

02

03

04

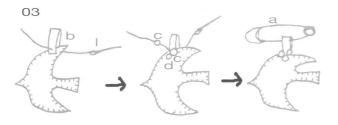

05

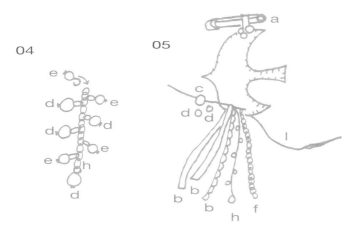

lohas life

隨身攜帶刀叉，宣示我是愛
環保的好女生。

我很樂活

挑戰指數 ★★☆☆☆

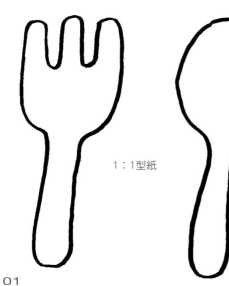

1：1型紙

01

material
材 料

a 釦子數個
b 耳環底座
c 耳環後束
d 瞬間膠

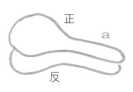

正
a
反

正
反

02

step by step
作 法

01 依紙型剪下兩兩相對的刀叉形狀棉布。

02 使用包邊縫將邊緣縫起來，快縫完時塞入棉花，再將剩餘的開口縫完。

03 在刀叉背面縫上別針即可。

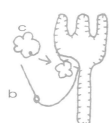

c
b

03

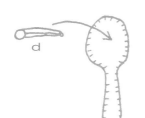

d

d

手指上小小的花朵盛開，
就連心花也跟著朵朵開。

戒指 *Ring01*
手指上的小花園
挑戰指數 ★★★☆☆

01  ×8
a
1:1型紙

02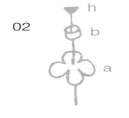

1cm

03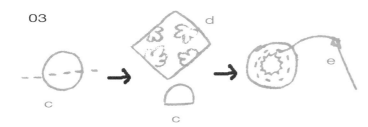

04
用針戳洞

05

material
材料

a 不織布
b 壓克力小珠珠
c 直徑2cm保麗龍球
d 小塊棉布
e 針線
f 戒指台
g 瞬間膠
h T針

step by step
作法

01 按書上紙型大小剪8
朵不織布小花。
02 T針穿過壓克力小珠
再穿過不織布小花，
T針長度留約1cm即
可，多餘部份剪掉。
03 保麗龍切對半，包一
塊布後，接著把開口
縫死。
04 用針在保麗龍台座上
戳洞，滴入瞬間膠，
把花朵插進洞中。
05 把完成的花台黏在戒
指台上。

natural stone

透著光，閃爍耀眼光澤，
就是半寶石的魅力。

戒指 *Ring02*

透著光芒的半寶石

挑戰指數 ★★☆☆☆

01

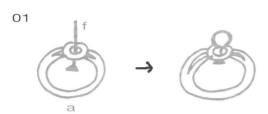

f

a

02

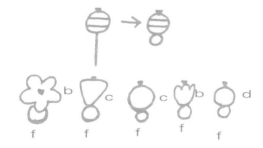

b

c

c

b

d

f   f   f   f   f

03

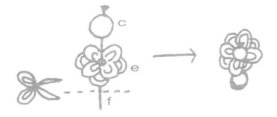

c

e

f

04

a

material
材　料

a　戒指台
b　半寶石花朵
c　壓克力珠
d　木珠
e　金屬花朵
f　T針

step by step
作　法

01 T針穿過戒指台，凹一個圓圈。

02 半寶石花朵與壓克力珠、木珠都使用T針固定備用。

03 T針穿過壓克力珠與金屬花朵固定。

04 將固定半寶石與壓克力珠的T針圓圈部份，串連在戒指上的圓圈上面。

cute rings

可愛的圓戒指，緞帶與小綴飾，
充滿了少女情懷。

戒指 *Ring03*

緞帶可愛風

挑戰指數 ★★★☆☆

01

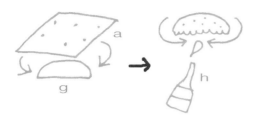

02

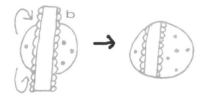

03

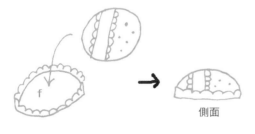

側面

04

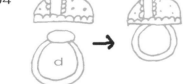

05

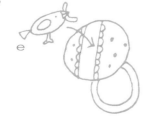

material
材　料

a　棉布
b　緞帶
c　小亮鑽
d　戒指台
e　小鳥墜飾
f　直徑2.5cm圓形底座
g　直徑2.5cm圓形木頭片
h　瞬間膠

step by step
作　法

01　以3cm正方布塊包覆木頭圓片，以瞬間膠固定。

02　將4cm緞帶黏在木頭圓片中心偏左的位置，多餘的包覆到背面去。

03　將完成步驟01、02的木頭圓片黏在圓形底座上。

04　用黏上戒指台。

05　在緞帶上黏上小星星、亮鑽、或是小鳥墜飾。

第四章 *chapter 4*

手鍊、腳鍊 鍊住美麗時光

手鍊，腳鍊，
叮叮咚咚的小配飾，
每個女生都喜歡，
每個女生都一定要擁有，
那麼，
要不要自己來挑戰手作呢？

手鍊、腳鍊的Knowhow

　　手鍊的長度只要加長，就可以成為腳鍊，學會一種技法，等於學會兩種。為了讓讀者跳脫固定的思考模式，這個單元裡的範例運用了很多布條、蕾絲變化，甚至使用了編織布條的技法。以金屬鍊手飾範例來說，書上示範運用三條金屬鍊來做出層次，如果喜歡豐富的垂綴感，讀者也可以增加鍊子的數量。

　　材料的變化也很重要，綴飾的種類很多，有動物、植物、十字架、幾何造型等等，在飾品材料商店裡有許多種選擇，平常可以多多蒐集，書上也有自己製作材料的範例，運用布或蕾絲就可以做出搭配的花朵等等裝飾。在做垂綴手鍊的時候，配飾越豐富，變化也越多。

marshmallow

澎澎的，軟軟的，
棉花糖般的溫柔觸感，環繞著手腕。

手鍊 *Bracelet 01*

澎澎棉花糖

挑戰指數 ★★☆☆☆

01

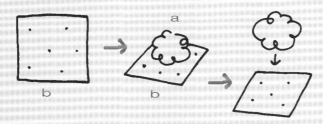

02

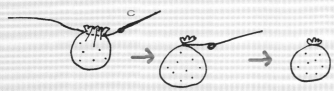

03

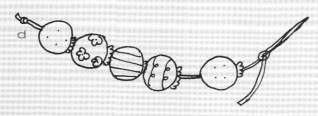

04

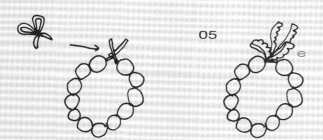

05

material
材 料

a 棉花
b 棉布
c 針線
d 彈性線
e 緞帶15cm

step by step
作 法

01 棉布剪成2X2cm方
　 塊，拿一團棉花塞
　 在中間。

02 棉布包裹棉花，將
　 開口縫住，作成小
　 布球12個。

03 彈性線用較粗的針
　 穿過，將做好的布
　 球用串連起來。

04 將穿完後的多餘彈
　 性線打結後剪掉。

05 在打結處裝飾上緞
　 帶蝴蝶結。

leaf jewellery

各色天然半寶石的小果實與葉子造型串飾，是大自然的恩惠。

手鍊 *Bracelet02*
果實與葉子
挑戰指數 ★★☆☆☆

01

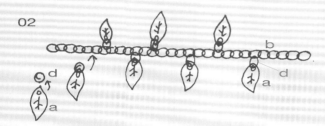

c
e

02

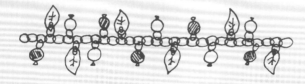

b
d
a
d
a

03

04

g
d
d
f

05

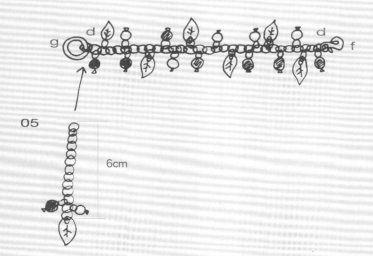

6cm

material
材　料

a　古銅葉片吊飾
b　金屬鍊A 20cm B 6cm
c　半寶石
d　雙圈
e　T針
f　項鍊勾
g　金屬環

step by step
作　法

01　不同顏色的半寶石
　　穿過T針備用。

02　將葉子吊飾穿過雙
　　圈勾在鍊子上，距
　　離依個人喜好的數
　　量決定。

03　將當作果實的半寶
　　石勾在葉子與葉子
　　中央的鍊子上。

04　鍊子一端以雙圈和
　　金屬環結合，另一
　　端以雙圈和項鍊勾
　　結合。

05　鍊子B6cm，勾在與
　　金屬環結合的雙圈
　　上，並在底端以雙
　　圈穿上葉子吊飾與
　　兩顆半寶石。

vintage style

今天就把自己當作18世紀的歐
洲貴婦，優雅地過一天吧！

 手鍊 *Bracelet03*

淑女風格養成術

挑戰指數 ★★☆☆☆

01

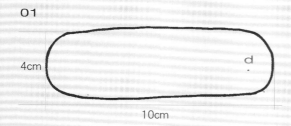

4cm

10cm

d

02

c
b
g
d

03

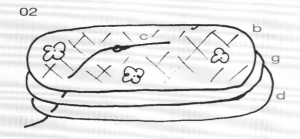

a
a

04

c
e

05

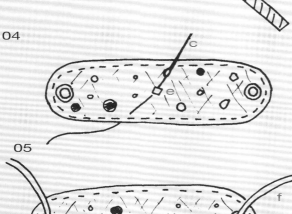

f

material

材 料

a 雞眼扣
b 蕾絲布
c 針線
d 不織布
e 各式壓克力小珠珠
f 15cm麂皮繩X2
g 棉布

step by step

作 法

01 剪下10x4cm的橢圓
形不織布（如圖）,

02 剪下10x4cm的蕾絲
一片和棉布一片,
縫在不織布上固
定。

03 在兩端用雞眼扣打
洞固定（五金行有
販售雞眼扣與專門
壓雞眼扣的工具）。

04 依喜好的位置把各
式大小的壓克力珠
珠縫在蕾絲片上。

05 把麂皮繩穿過打好
的洞後打結即可。

ribbon flower

緞帶做成的花朵，有一種獨特的氣質。

一朵美麗的花

挑戰指數 ★★☆☆☆

1:1型紙

01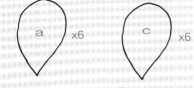

a ×6   c ×6

02

a   c   e

03

04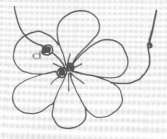

d

05

b

material
材 料

a 不織布
b 緞帶30cm
c 蕾絲布
d 壓克力珠
e 針線

step by step
作 法

01 依所附型紙剪六片
不織布花瓣與六片
蕾絲花瓣。

01 將不織布與蕾絲花
瓣的尖端處稍微對
折並縫在一起。

03 將六片組合好的花
瓣縫在一起。

04 在花朵中央縫上幾
顆壓克力珠。

05 將花朵縫在緞帶的
正中央。

raindrops

清晨，散步走過草地，
小小的露珠也跟著你回家

脚鍊 *Bracelet05*

晶瑩剔透小露珠

挑戰指數 ★★★☆☆

01

02

03

04

material

材 料

a　問號勾
b　金屬圈
c　雙圈
d　金屬鍊A 20cm
e　金屬鍊B 22cm
f　金屬鍊C 24cm
g　9針
h　壓克力水滴珠

step by step

作 法

01　把9針穿過壓克力
　　珠後，使用扭轉法
　　固定備用。

02　依喜好的距離把珠
　　子串上鍊子A、B、
　　C，每一條壓克力
　　珠的位置盡量錯
　　開，可以有層次
　　感。

03　使用雙圈將鍊子
　　A、B、C的兩端分
　　別固定在一起。

04　一個雙圈再連接問
　　號勾，另一個雙圈
　　連接金屬環即可。

black punk

黑與白的龐克風格，配上點點布，
硬式搖滾也跟著甜蜜了起來。

手鍊 *Bracelet06*

龐克搖滾英國風

挑戰指數 ★★☆☆☆

01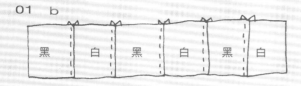

黑　白　黑　白　黑　白

02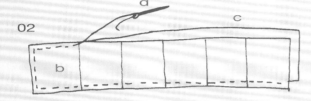

d

c

b

03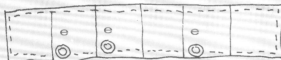

e　e　e

04

i
j

鏈子B 15cm

鏈子C 10cm

g

g

h

f

05

h　h　h

鏈子C

鏈子B

g 鏈子A 15cm

06

一面縫在外側

a

a

一面縫在裡側

material

材　料

a 魔鬼氈
b 黑、白色點點布
c 不織布
d 針線
e 雞眼扣
f 小鹿吊飾
g 金屬鍊　A10cm
　 B15cm　C12cm
h 雙圈
i T針
j 黑色水滴珠

step by step

作　法

01 將黑色點點布跟白色
點點布間隔縫在一
起，（如圖示）。

02 剪下大小一樣的不織
布，使用線段縫將它
們縫在一起。

03 用雞眼扣專用的機器
在手環上打三個孔
（如圖示）。

04 鍊子B串上水滴珠，
鍊子C以雙圈串連小
鹿吊飾。

05 雙圈串連鍊子A、B、
C在雞眼扣環上。

06 背面兩端縫上相對的
魔鬼氈。

leaf on my feet 　　　　　風吹來了一片落葉，降落地點是我的腳趾。

腳趾上的落葉

挑戰指數 ★★★★☆

01

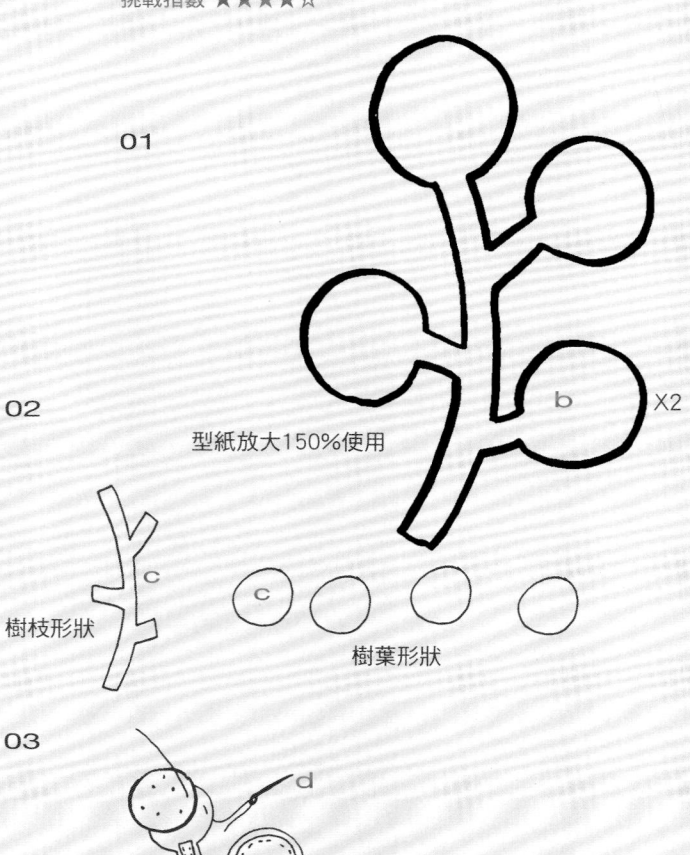

型紙放大150%使用

02

樹枝形狀

樹葉形狀

b ×2

material
材 料

a 拖鞋
b 不織布
c 棉布
d 針線
e 瞬間膠

03

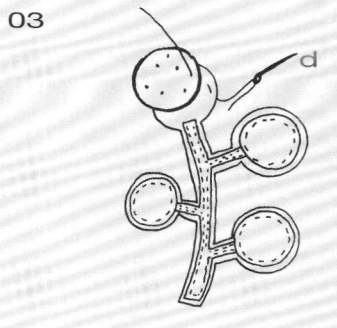

step by step
作 法

01 依型紙放大150%
   剪下不織布的底。

02 剪下四個比不織布
   略小的圓形樹葉棉
   布，和樹枝棉布。

03 將棉布以線段縫在
   不織布底座上。

04 將瞬間膠滴在拖鞋
   帶上，並將縫好的
   樹葉黏上去。

05 因為拖鞋有相對的
   兩隻，請將型紙反
   過來重複步驟1-
   4。

04   05

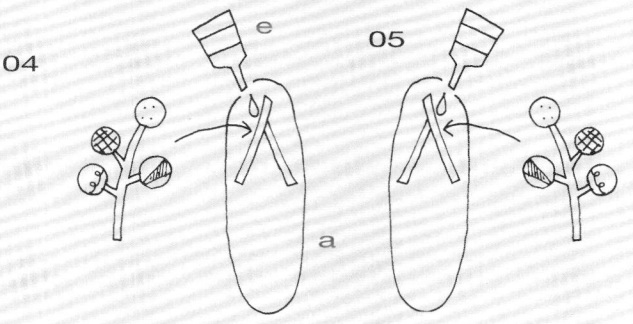

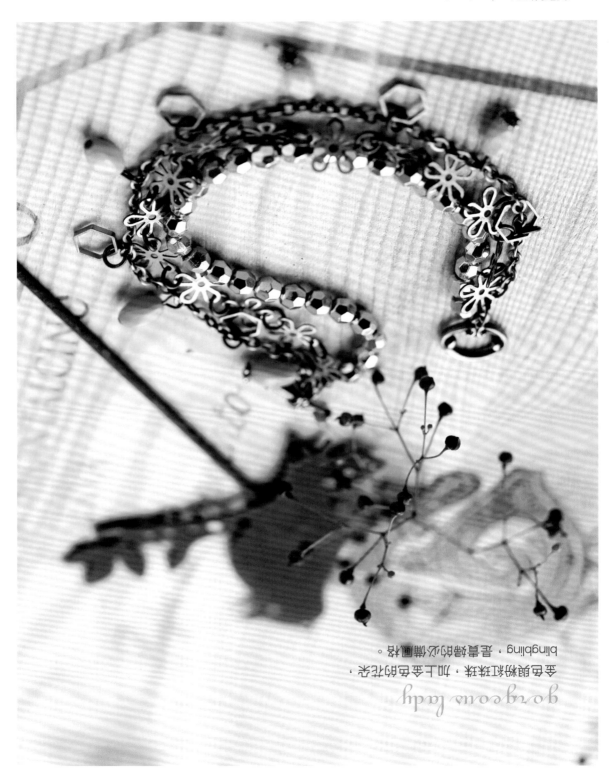

gorgeous lady

blingbling，若草綠的水嫩風格。

各色質粉紅珠珠，加上各色的花朵，

手鍊 *Bracelet08*

閃亮亮貴婦風

挑戰指數 ★★★☆☆

01

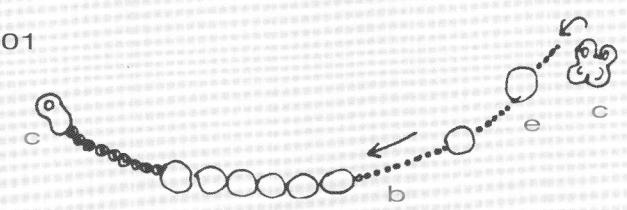

02

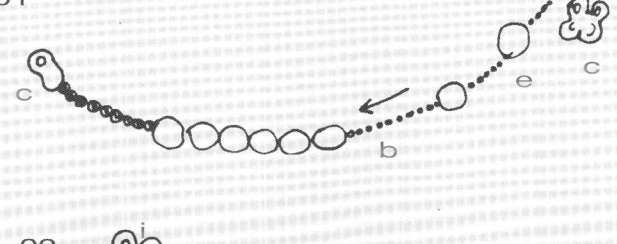

穿過金屬花片的孔中作串連

03

04

05

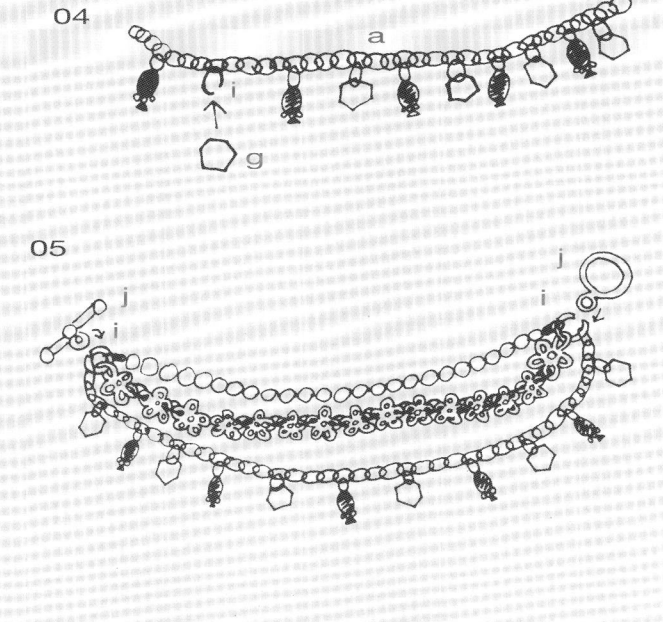

material

材　料

a 金屬鍊A 23cm
b 珠鍊20cm
c 豆夾
d 金屬花片
e 金色壓克力珠
f 粉紅色長形壓克力珠
g 六角形金屬圈
h T針
i 單圈
j 鍊頭組合（一個圈＋一根棒子）
k 花蓋

step by step

作　法

01 豆夾夾緊珠鍊一端，串滿金色珠珠後，另一端也用豆夾固定。

02 單圈結合15個金屬花片。

03 T針穿過花蓋後再粉紅珠珠備用。

04 將粉紅珠串在鍊子A上，中間部份以單圈串連六角形金屬圈（如圖示）。

05 分別以單圈串連三條處理好的鍊子兩端，並分別在這兩個單圈上串連上鍊頭組合。

第五章　*chapter 5*

項鍊——為平凡生活增添美麗的小小魔法

不同風格的項鍊是生活的魔術師，
平常的打扮加上自己動手作的項鍊，
樸實的穿著立刻就100%風格大變身，
棉布、曬衣繩、蒐集很久的小配件，
一起來動手做做看吧！

項鍊的Knowhow

　　這個章節介紹的項鍊種類很豐富，也跳脫了一般的項鍊作法，有完全不使用任何串珠工具，單純使用布作的項鍊，也有使用了奶精瓶、小木匙、緞帶製作的特別款式。當然，一般的串珠項鍊也有示範作品可以讓大家練習，使用了半寶石製作的項鍊，是現在流行的趨勢。各式各樣的半寶石，如水晶、翡翠石、玉髓石等等，價格沒有珍珠、鑽石那麼高，質感卻又比壓克力製品好很多，非常推薦讀者們試試看。

　　項鍊的長度依據每個人的脖子粗細和身體的長度都會有所差異，書上的範例都是建議，實際製作時可以把鍊子圍在脖子上，測量最適合的長度後再開始製作。

coffe , tea orme ?

要加多少糖？一匙還是兩匙？
還要再來一塊蒙布朗嗎？
戴著它，一整天都有下午茶的悠閒心情。

coffe,tea or me?

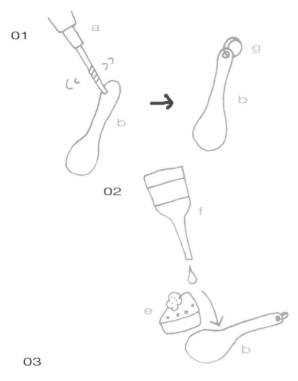

01

02

03

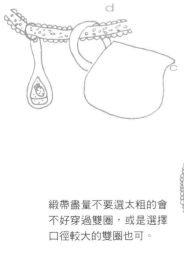

緞帶盡量不要選太粗的會
不好穿過雙圈,或是選擇
口徑較大的雙圈也可。

04

材 料

a 手持小電鑽
b 小木匙
c 奶精杯
d 緞帶50cm
e 食玩小蛋糕
f 瞬間膠
g 雙圈

作 法

01 使用小電鑽在湯匙柄
    的部份穿洞後,穿上
    雙圈。

02 使用瞬間膠將食玩小
    蛋糕黏在木匙上。

03 緞帶穿過固定木匙的
    雙圈,和奶精杯的握
    柄部份。

04 在緞帶結尾的地方依
    個人喜好的長度打蝴
    蝶結。

my pure heart

鵝黃色的珍珠，可愛的花朵，
是最純真的裝飾品。

項鍊 Bluebbeery

純潔的心

挑戰指數 ★★☆☆☆

01

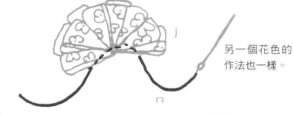

每3公分對折一次,以
對折方式折成花瓣

j

另一個花色的
作法也一樣。

n

02

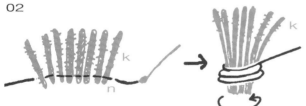

k

k

n

用繞圈的方式固定。

03

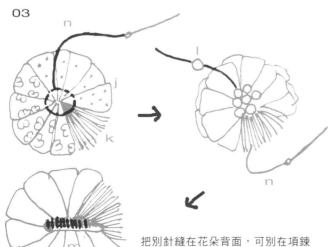

n

l

j

k

n

把別針縫在花朵背面,可別在項鍊
上當裝飾,也可單獨使用。

m

material

材 料

a 麂皮繩20cm×2
b 金屬環
c 珍珠
d 金屬鍊A 8cm×2
e 金屬鍊B 15cm
f 金屬鍊C 20cm
g 珠練 25cm
h 豆夾(包頭夾)
i 單圈
j 1cm寬30cm長花布條2色
k 毛線
l 壓克力珠各色
m 別針
n 針線

step by step

作 法

01 兩種不同花色的碎花
布條以對折方式折成
花瓣,將折好的布條
末端縫住。

02 準備3cm毛線的線段
約30份,一端用針線
固定。

03 把做好的布條與毛線
條縫在一起,中間縫
上各色壓克力珠,在
花朵背面縫上別針。

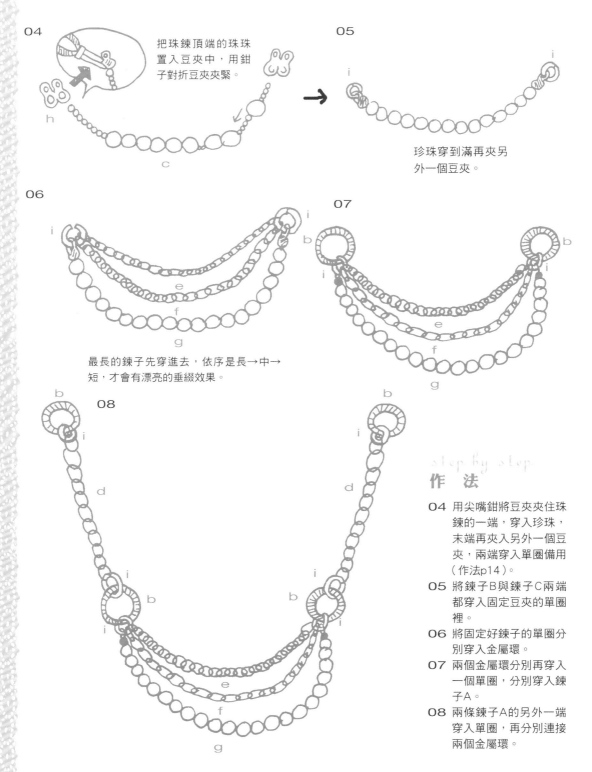

04

把珠鍊頂端的珠珠
置入豆夾中，用鉗
子對折豆夾夾緊。

05

珍珠穿到滿再夾另
外一個豆夾。

06

最長的鍊子先穿進去，依序是長→中→
短，才會有漂亮的垂綴效果。

07

08

step by step
作 法

04 用尖嘴鉗將豆夾夾住珠
鍊的一端，穿入珍珠，
末端再夾入另外一個豆
夾，兩端穿入單圈備用
（作法p14）。

05 將鍊子B與鍊子C兩端
都穿入固定豆夾的單圈
裡。

06 將固定好鍊子的單圈分
別穿入金屬環。

07 兩個金屬環分別再穿入
一個單圈，分別穿入鍊
子A。

08 兩條鍊子A的另外一端
穿入單圈，再分別連接
兩個金屬環。

09

a 打平結即可。

a

b

i

d

把做好的花別針別
在金屬環上。

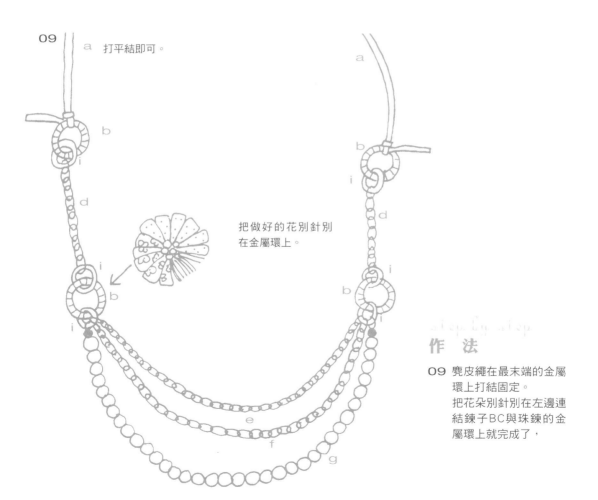

b

i

d

i

b

i

e

f

g

b

i

step by step

作 法

09 麂皮繩在最末端的金屬
環上打結固定。
把花朵別針別在左邊連
結鍊子BC與珠鍊的金
屬環上就完成了，

cute balloon

翅膀上綁著氣球的小鳥，
要去哪裡呢？

小鳥與氣球

挑戰指數 ★★★☆☆

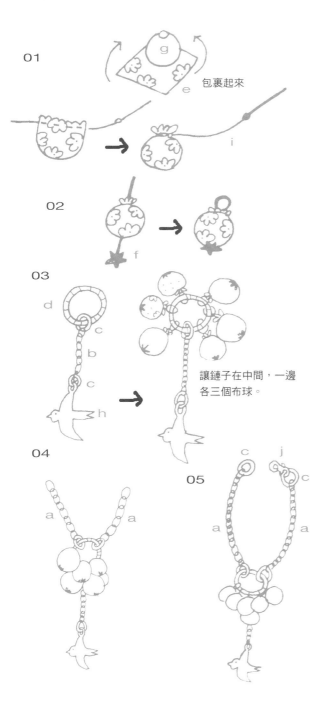

01

g

e 包裹起來

i

02

f

03

d

c

b

c

h

讓鏈子在中間，一邊
各三個布球。

04

a   a

05

c   j

a   a   c

material
材 料

a   金屬鍊A 20cmX2
b   金屬鍊B　5cm
c   單圈
d   金屬環
e   花布
f   星星造型T針
g   1.5cm木頭珠
h   小鳥墜子
i   針線
j   項鍊勾

step by step
作 法

01 花布剪成2cm的方
    塊，包住木頭珠，頂
    端縫緊，做六個。

02 星星造型T針穿過布
    球備用。

03 單圈連接小鳥墜子與
    鍊子B，鍊子的另一
    端再以單圈與金屬環
    串連，再分別把布球
    勾上金屬環。

04 金屬環再串連兩個單
    圈，並分別與兩條鍊
    子A串連。

05 兩條鍊子A另一端各
    自與一個單圈串連，
    其中一個單圈再和項
    鍊勾串連。

flowers & bird

優雅的垂綴項鍊，不管是搭配輕飄飄洋裝，
還是簡單的白T，都是最美麗的裝飾。

項鍊

40年代優雅風格

挑戰指數 ★★☆☆☆

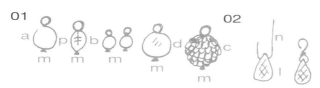

material
材 料

a 0.8cm珍珠　j 豆夾
b 0.3cm珍珠　k 單圈
c 松果配件　l 水滴珠
d 圓形貝殼珠　m T針
e 小鳥墜子　n 9針
f 問號勾　o 圓孔配件
g 珠鍊10cm　p 貝殼葉子
h 金屬鍊B 7cm
i 金屬鍊A 20cmX2

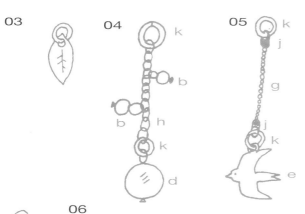

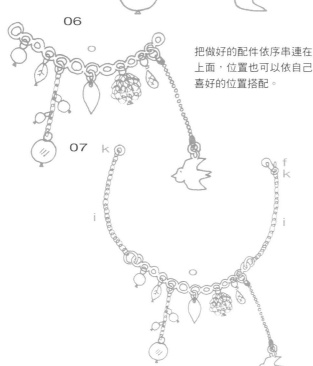

把做好的配件依序串連在上面，位置也可以依自己喜好的位置搭配。

step by step
作 法

01 0.8cm珍珠、貝殼葉子、圓形貝殼珠、0.3cm珍珠、松果配件穿上T針。

02 水滴珠以扭轉法固定。

03 葉子配件穿上單圈。

04 圓形貝殼以單圈串連鍊子B，鍊子B鉤上0.3cm珍珠，另一端也穿上單圈。

05 小鳥與珠鍊以豆夾和單圈串連，珠鍊另外一端也以豆夾和另一個單圈串連。

06 將配件串連上圓孔配件。

07 圓孔配件的兩端穿上單圈，與兩條鍊子A分別結合，鍊子A另一端分別與一個單圈串連，其中一個單圈再和項鍊勾串連。

retro style

陽光撒落在古銅色的項鍊上，
是我的懷舊時光。

巴洛克復古風

01

d 裡面包1cm木珠　　　e 裡面包2cm木珠

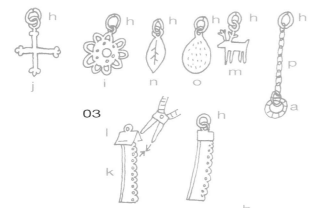

布球作法請參照neck-lace03小鳥與氣球。

02

03

04

05

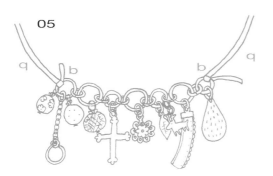

材 料

a	0.7cm金屬環	j	十字架配件
b	1cm金屬環	k	緞帶4cm
c	1.5cm金屬環	l	緞帶夾片
d	1cm木珠	m	小鹿吊飾
e	2cm木珠	n	葉子吊飾
f	蕾絲布	o	毛球
g	花布	p	鍊子8cm
h	單圈	q	麂皮繩
i	古銅花片	r	T針

step by step

作 法

01 花布剪成2cm方塊包住1cm木珠，2.5cm方塊包住1.5cm木頭珠，蕾絲布剪成2.5cm方塊包住1.5cm木頭珠，穿入T針。

02 j、i、n、m、o分別穿上單圈，鏈子8cm一端穿上單圈，一端穿上單圈與0.7cm金屬環串連。

03 4cm緞帶以緞帶夾片夾住並穿上單圈。

04 如圖示將1cm金屬環與1.5cm金屬環間隔以單圈串連，並串連上步驟01、02的物件。

05 末端的金屬環分別綁上20cm長麂皮繩。

gypsy girl

羽毛加上寶石，特別的Y字鍊，
今天是轉著圈圈跳舞的吉普賽女郎。

流浪的吉普賽

挑戰指數 ★★☆☆☆

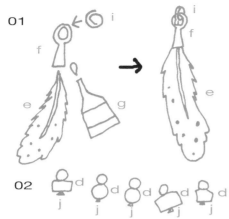

01

02

半寶石選約0.5-0.8cm大小的，不同形狀可以增加豐富感。

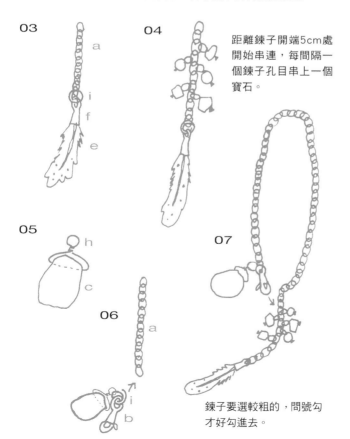

距離鍊子開端5cm處開始串連，每間隔一個鍊子孔目串上一個寶石。

鍊子要選較粗的，問號勾才好勾進去。

material
材 料

a　金屬鍊50cm
b　問號勾
c　髮晶或半寶石
d　小顆半寶石
e　羽毛
f　加圈銅管
g　瞬間膠
h　九針
i　T針
j　雙圈

step by step
作 法

01　瞬間膠滴入加圈銅管裡，把羽毛根部插入銅管，在加圈銅管上串入雙圈。
02　小顆的半寶石以T針固定。
03　鍊子一端與羽毛的加圈銅管上雙圈串連。
04　小顆半寶石固定在鍊子上。
05　髮晶以扭轉法固定。
06　鍊子的另一端以雙圈串上問號勾，把髮晶固定在這個雙圈上。
07　問號勾可以依喜好的長度勾在鍊子上。

sunny day
溫暖的陽光映照著婆娑樹影，
心情也要曬曬太陽。

曬太陽的好心情

挑戰指數 ☆★★☆☆

01

b

寬0.8cm

使用不同花色來製作才會比較活潑喔。

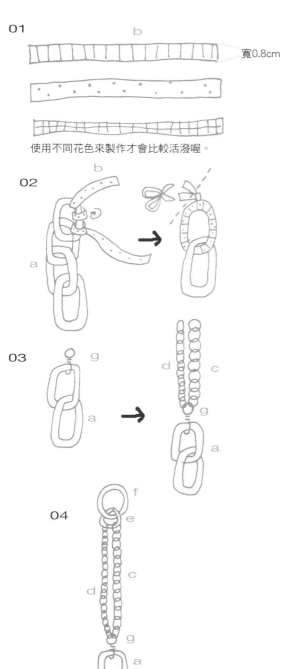

---

material

材 料

a 塑膠圈曬衣繩寬0.8cm、長25cm
b 棉布
c 金屬鍊A 25cm
d 金屬鍊B 25cm
e 單圈
f 金屬環
g 9針

step by step

作 法

01 棉布依曬衣繩圈的數目剪成0.8cm寬的長條備用。

02 分別將棉布纏繞在每個塑膠圈上，纏完後，兩端打結，將多餘部份剪掉。

03 纏好布條的曬衣繩一端以扭轉法和鍊子AB串連。

04 鍊子AB的另一端以單圈和金屬環串連。

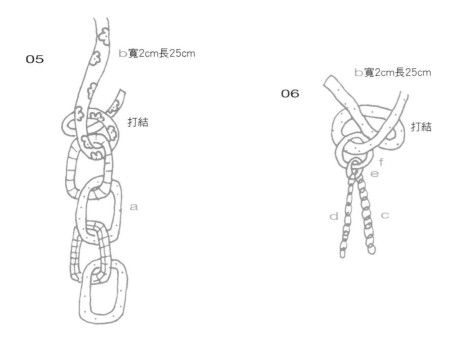

05

ｂ寬2cm長25cm

打結

a

06

ｂ寬2cm長25cm

打結

f
e

d　　c

07

依喜好的長度控制蝴
蝶結的長短。

step by step
作　法

05 準備兩條寬2cm長25cm的
棉布條，一條穿過曬衣繩打
結。

06 另外一條棉布條穿過金屬環
打結。 。

07 兩條碎布條打成蝴蝶結。

Tips
小祕訣

這條項鍊在佩戴的時候，可
以旋轉不同的角度，有時讓
蝴蝶結垂在胸口前，或是在
背後垂綴著，都會有不同的
搭配效果喔。

Beautiful Mind

花朵，不是華麗的珠寶，
卻是身上最溫柔的美麗裝飾。

美麗境界

載戴指數 ★★★☆☆

01

型紙放大150%使用

×6

02

小葉子　　大葉子

→

b b ×6
b b

b ×10
b

型紙放大150%使用

03

c

a

以線段縫技法將葉子
兩片縫在一起

04

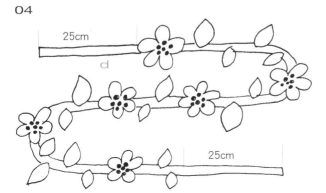

25cm

d

25cm

material
材料

a　紅色壓克力珠
b　白色格紋棉麻布
c　針線
d　織帶150cm
e　白色不織布

step by step
作法

01　按照書上紙型大小，
　　　剪6朵不織布花、6朵
　　　棉布花。

02　按書上紙型大小剪10
　　　對正反相對的棉布小
　　　葉子、6對正反相對的
　　　棉布大葉子。

03　不織布花和棉布花疊
　　　在一起，在中間縫上
　　　六顆紅色壓克力珠，
　　　葉子兩兩相對以線段
　　　縫固定。

04　將六朵花平均分布縫
　　　在織帶上，兩端織帶
　　　各留25cm，作為打蝴
　　　蝶結固定在脖子上使
　　　用，將大小葉子依個
　　　人喜好的位置在縫織
　　　帶上。

可愛的髮飾，輕輕地綁在髮上，
只要搭配簡單的編髮技巧，
就可以擁有許多種變化，
不管是夏季還是冬季，
都是搭配服裝的好朋友。

第六章 *chapter 6*

髮飾 髮稍上的可愛裝飾

髮飾的Knowhow

　　頭髮上只要有個簡單的裝飾，不管是挽起來，還是簡單地夾個髮夾，髮型就會顯得特別吸引人，有點垂綴感的髮飾隨風搖曳，固定在瀏海上的蜻蜓髮夾，一定可以帶給你一整天的好心情。

　　這個單元示範的髮飾，讀者都可以選用自己喜歡的材料運用，做出不同配色、或是不同的造型，髮飾大致分成髮夾、髮叉、髮束三項，這三項的種類又有很多種可以選擇，如果不確定自己比較喜歡哪種，到材料店時可以多比較看看，原則上以不傷害髮絲為主，因為有些品質不好的髮夾，很容易把頭髮扯下來。

bling, bling

鋁箔紙不只可以用來烤餅乾，還可以製造
派對霓虹燈般閃亮亮的效果。

bling,bling

挑戰指數 ★★☆☆☆

01

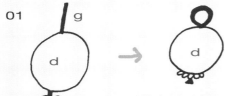

大珍珠的孔比較大，花蓋是用來擋住T針以免滑出，又可以有裝飾效果。

02

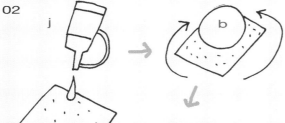

可以用較粗的針先將保麗龍球穿透，t針會比較好穿過去。

03

04

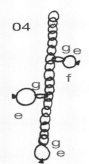

05

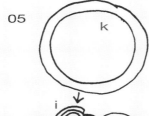

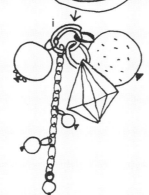

material
材料

a 鋁箔紙
b 保麗龍球
c 壓克力水滴鑽石
d 3cm大珍珠
e 5mm、8mm小珍珠
f 鏈子 8cm
g T針
h 花蓋
i 雙圈
j 工藝用乳膠
k 髮束

step by step
作法

01 T針穿過花蓋與大珍珠，留下適量長度其餘剪掉。

02 8x8cm鋁箔紙，塗上工藝用乳膠，包附在保麗龍球上，T針穿過做好的小球，留下適量長度。

03 鑽石先用雙圈穿過後備用。

04 將珍珠使用T針串在8cm鏈子上。

05 將鏈子與準備好的鋁箔小球、壓克力鑽石，珍珠依序固定在雙圈上，串上髮束。

blooming

淡淡的三月天，一朵花，
優雅地綻放在髮上。

三月盛開的花朵

挑戰指數 ★★★★★

葉子的製作

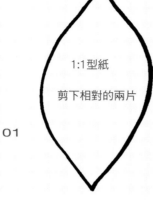

1:1型紙

剪下相對的兩片

01

02

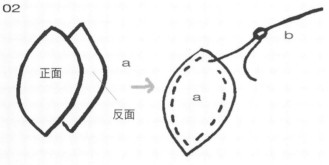

正面

反面

a

正面

a

b

花心的製作

01

25cm

6cm

a

對折

a

以0.3cm為間隔

a

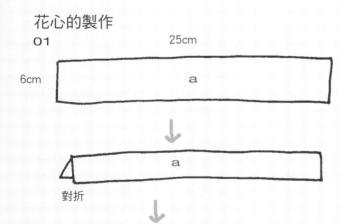

底部，留約0.5cm距離不要剪斷

0.5cm

material

材 料

a 棉布
b 針線
c 髮夾

step by step
葉子的作法

01 依書本上所附葉片
紙型剪下正反相對
的兩片布。

02 將布以線段縫縫在
一起。

step by step
花心的作法

01 剪一條25X6cm布
塊，對折之後，依
圖示使用剪刀剪成
花蕊。

花心的作法

02

由外往內捲

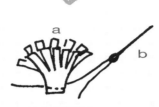

縫住底端固定

葉子的作法

02 把剪好的布條捲起來，兩端縫住固定。

花瓣的作法

01 依圖示將38X5cm布塊a一條，與43x5cm布塊b、c剪成波浪狀。

02 布條a、b、c都依圖示以線段縫，縫在沒有波浪的那端。

03 將線段稍微拉緊，讓布條出現縐褶，做出自然捲曲的花瓣效果。

花瓣的作法

01

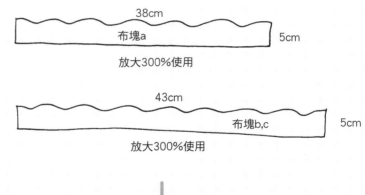

38cm

布塊a 5cm

放大300%使用

43cm

布塊b,c 5cm

放大300%使用

02

b

03

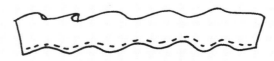

拉緊後將線打結剪斷，讓布條呈現捲曲

花朵的組合

01

布塊a

02

布塊a

布塊b

布塊a

布塊b

布塊c

03

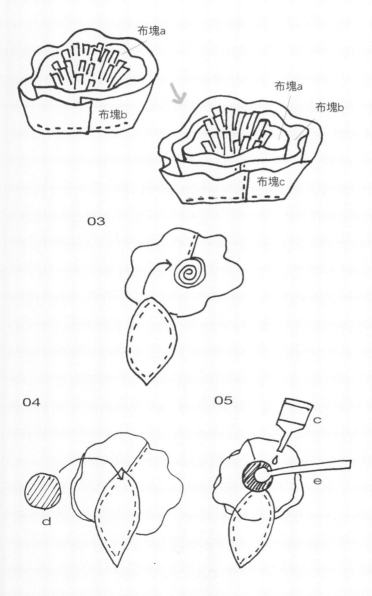

04

d

05

c

e

step by step
花朵的組合

01 花蕊在中央，將a包
圍著花蕊縫成一
圈，固定在一起。

02 將b放在a的外圍縫
成第二層花瓣，將c
放在b的外圍縫成第
三層花瓣。

03 將葉片縫在花朵底
部。

04 將不織布剪成一個
直徑5cm圓形當底
座，黏在花朵的底
部。

05 將髮夾黏在底座中
央即完成。

April

春天到了，頭上也要沾染春天氣息。

四月花朵物語

挑戰指數 ★★☆☆☆

01

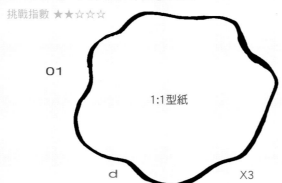

1:1型紙

d   X3

02

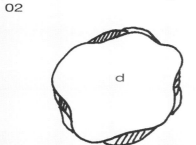

d

棉布不要規矩地疊在
一起,這樣做出來的
花會比較有層次感。

03

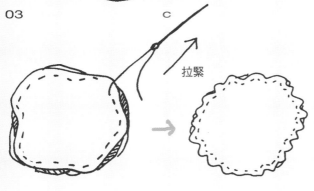

c

拉緊

04

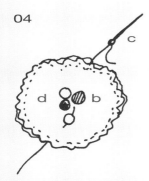

c

d   b

05

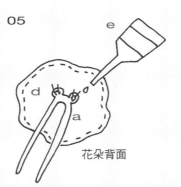

e

d

a

花朵背面

material
材　料

a　U型夾
b　壓克力珠
c　針線
d　棉布三塊
e　瞬間膠

step by step
作　法

01　依書本上所附型紙
　　剪下不同花色的花
　　朵布塊三塊。

02　想要呈現的主要花
　　色放在最上方,將
　　布塊位置稍微錯開
　　疊在一起。

03　以線段縫將三個布
　　塊沿著重疊的外圍
　　部份縫在一起,打
　　結後再前先稍微拉
　　緊讓花瓣捲曲,打
　　結剪掉多餘線段。

04　把壓克力珠縫在花
　　朵中央當花蕊。

05　花朵背面縫上U型
　　夾,並在縫合處滴
　　上瞬間膠加強。

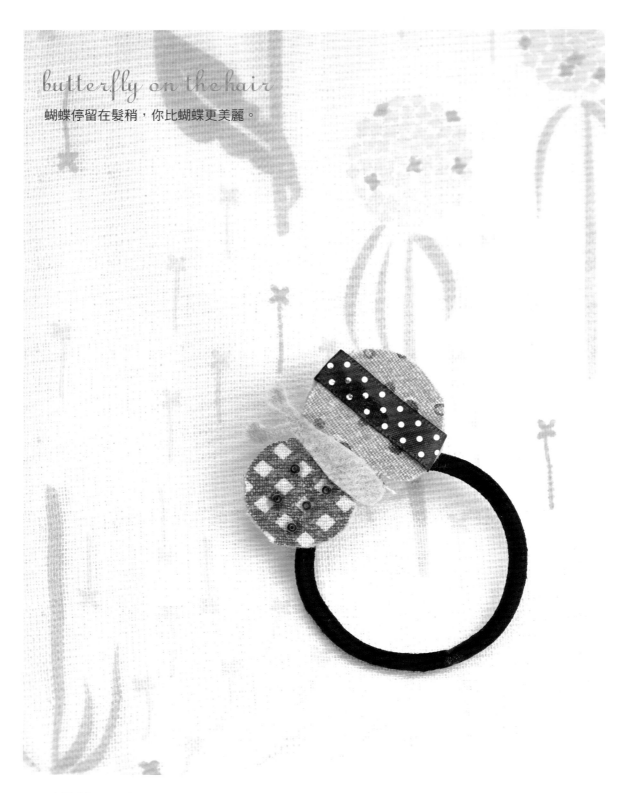

butterfly on the hair

蝴蝶停留在髮稍，你比蝴蝶更美麗。

蝴蝶,蝴蝶,生得真美麗

挑戰指數 ★★☆☆☆

01

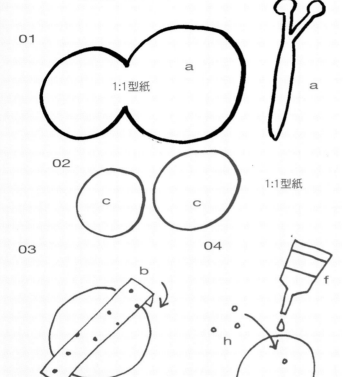

1:1型紙

a

02

1:1型紙

c

c

03

b

右邊翅膀

04

f

h

左邊翅膀

05

06

g

e

material
材　料

a　不織布
b　緞帶
c　棉布
d　雙圈
e　髮束
f　瞬間膠
g　針線
h　壓克力小珠

step by step
作　法

01　依書本上所附蝴蝶紙
　　型剪下不織布底座。

02　大小以型紙左右兩邊
　　圓形為準。剪下兩塊
　　圓形棉布。

03　把緞帶黏在右邊翅膀
　　上,多餘的部份往內
　　折並黏在背面。

04　將五顆小珠珠以瞬間
　　膠黏在左邊翅膀上。

05　製作好的翅膀跟身體
　　部　份,與不織布底
　　座,用瞬間膠黏在不
　　織布底座上。

06　雙圈穿進髮束後,把
　　蝴蝶縫在雙圈上面。

dragonfly

紅色蜻蜓飛呀飛，是我的青春記憶。

髮稍上的蜻蜓

挑戰指數 ★★☆☆☆

01

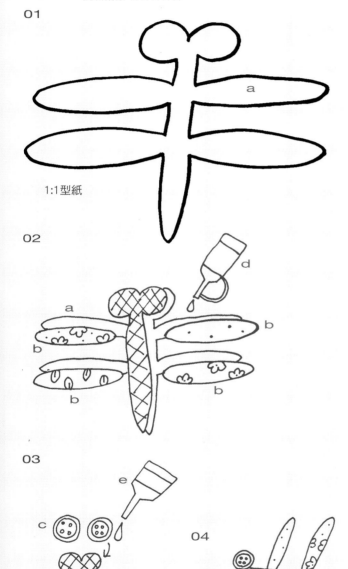

1:1型紙

02

03

04

material
材 料

a 厚紙板
b 不同花色的花布
c 釦子
d 工藝專用乳膠
e 瞬間膠
f 髮夾

step by step
作 法

01 依照型紙剪一塊厚紙板當底。

02 剪四塊不同花色符合型紙翅膀大小的布，一塊符合軀幹的布，用乳膠黏貼到厚紙板上。

03 用瞬間膠把兩顆釦子黏在蜻蜓厚紙板眼睛的部份。

04 把完成的蜻蜓黏在髮夾底座上。

國家圖書館預行編目資料

幸福手飾DIY／伊萊莎著.—第一版.—
臺北市 ： 腳丫文化，民96.11
面； 公分
ISBN：978-986-7637-33-8(平裝)

1.手工藝　2.DIY　3.飾品

426.4　　　　　　　　　　96020250

■ K024
腳丫文化

幸福手飾DIY

著　作　人 ：伊萊莎
社　　　長 ：吳榮斌
企　劃　編　輯 ：陳毓葳
美　術　設　計 ：fantaisie愛作夢工作室
出　版　者 ：腳丫文化出版事業有限公司

編輯部‧總社
地　　　址 ：104台北市建國北路二段66號11樓之一
電　　　話 ：(02)2517-6688
傳　　　真 ：(02)2515-3368
E - m a i l ：cosmax.pub@msa.hinet.net

業務部
地　　　址 ：241台北縣三重市光復路一段61巷27號11樓A
電　　　話 ：(02)2278-3158‧2278-2563
傳　　　真 ：02)2278-3168
E - m a i l ：cosmax27@ms76.hinet.net
郵　撥　帳　號 ：19768287腳丫文化出版事業有限公司

國　內　總　經　銷 ：千富圖書有限公司(千淞‧建中) (02)8512-4067
新　加　坡　總　代　理 ：POPULAR BOOK CO.(PTE)LTD. TEL：65-6462-6141
馬　來　西　亞　總　代　理 ：POPULAR BOOK CO.(M)SDN.BHD. TEL：603-9179-6333
香　港　代　理 ：POPULAR BOOK COMPANY LTD. TEL：2408-8801
印　刷　所 ：通南彩色印刷有限公司
法　律　顧　問 ：鄭玉燦律師

定　　　價 ：新台幣 220 元
發　行　日 ：2007年 12 月　第一版　第1刷